U0885520

微观球鞋

你不知道的故事在脚上发生

阿貌 / 著

中国青年出版社 CHINA YOUTH PRESS
中青国际出版传媒 CYPI PRESS

我拍过几千双球鞋，
又收藏了几百双球鞋，
但到今天，
仍没了解球鞋文化的全部奥义。
在本书中，
我以球鞋的不同细节来划分每个章节，
试图用接近微距的视角，
带你认知和解读每一双“文化”。

目 录

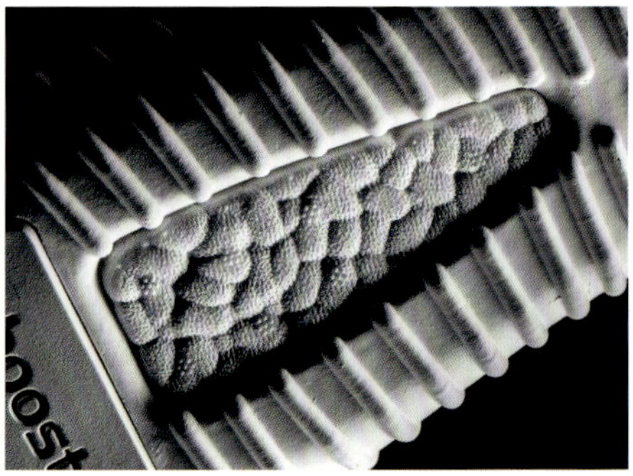

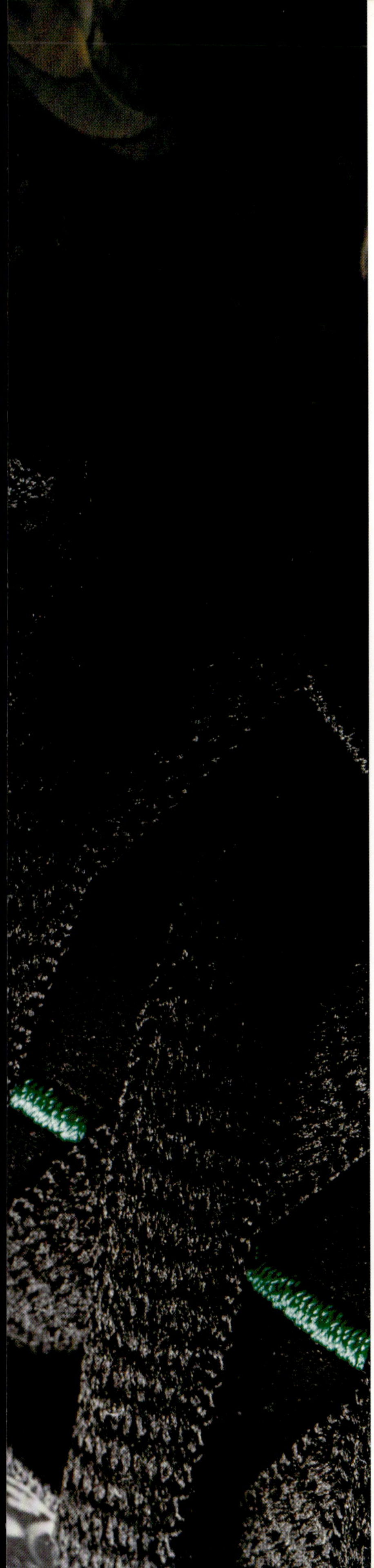

鞋　舌

鞋舌作为球鞋的关键组成部分之一，近几年来形式变幻莫测，而呈现的外观和作用也各不相同。

UNDER ARMOUR CURRY TWO「BHM」

2016年初发售，由Dave Dombrow设计。“BHM”（黑人历史月配色）系篮球鞋当中的重大配色之一，Curry Two 这次选用了“Maroon”作为主打色，具有“逃亡黑奴”的意思，绿色的鞋底寓意“冲破牢笼，向往新生”。

细节

鞋舌上是Stephen Curry 的个人标志，代表着他本人姓名的缩写“SC”以及背号“30”。

细节

毛巾材质的鞋舌是Air Jordan 8 的一大特点，Jumpman标志将圆形区域一分为三，这个鞋舌设计也在之后被奉为经典。

AIR JORDAN 8 RETRO「AQUA」

1993年推出，由Tinker Hatfield 设计，Michael Jordan的第八双个人签名鞋，他在1993年的全明星赛中上脚该配色。图中为2007年发售的复刻版本，与元年版本存在着多处配色差异（包括鞋舌、鞋面、鞋底、鞋垫）。

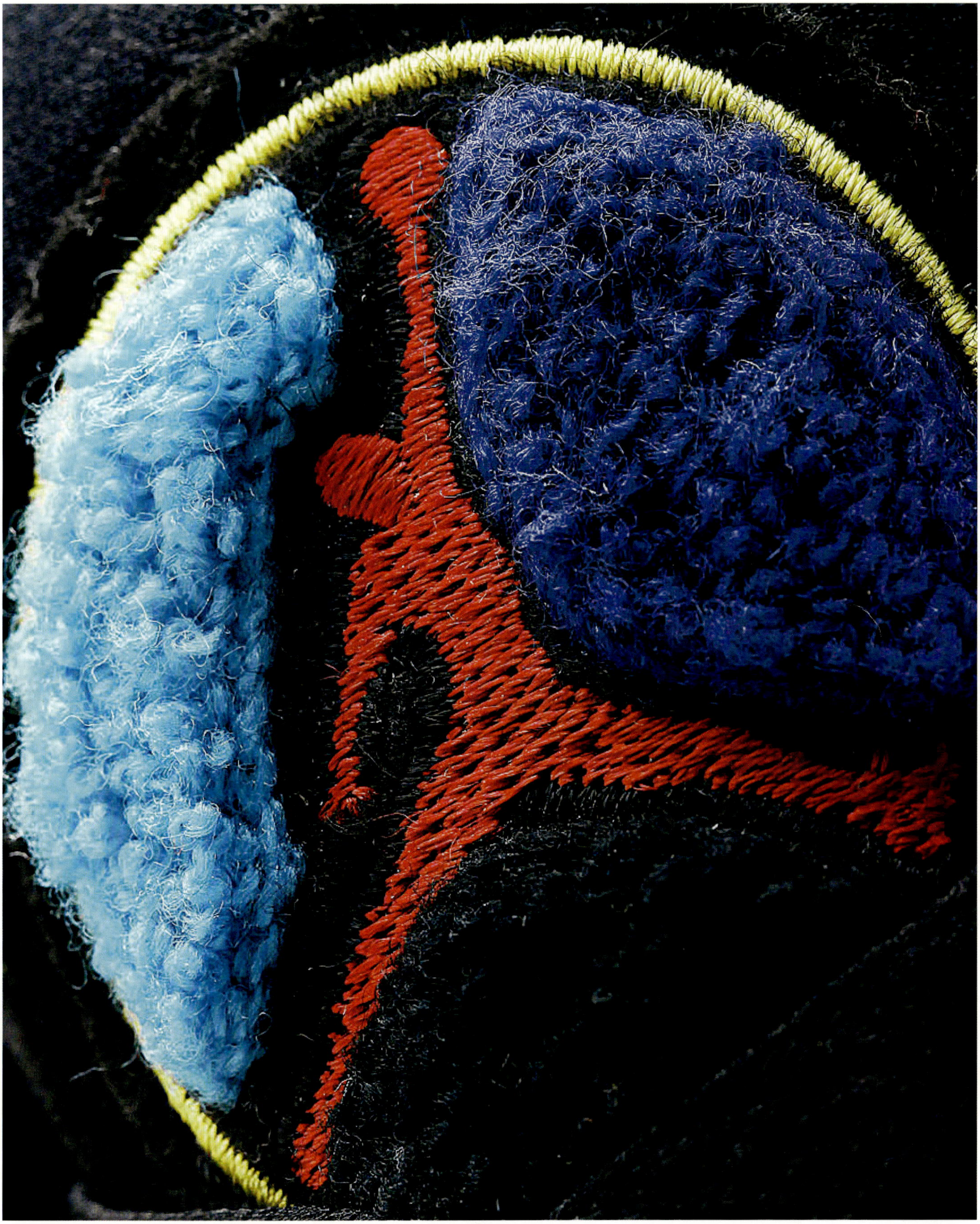

AIR JORDAN 13 RETRO CP PE「HOME」

2015年仅在中国发售，由Tinker Hatfield设计。配色源自目前夏洛特黄蜂队的蓝紫色，而Michael Jordan本人也是这支球队的老板。

细节

鞋舌处绣有Chris Paul 的个人标志，姓名缩写“CP”两个字母组合后的空白，透出球员背号“3”。

33

adidas D ROSE 5 BOOST「BHM」

2015年adidas Basketball“BHM”（黑人历史月）系列当中的一双，以Derrick Rose 的签名鞋款为蓝本。旨在向传奇球星“天勾”Kareem Abdul-Jabbar为推动黑人种族平等作出的贡献致敬。

细节

鞋舌上绣有Kareem Abdul-Jabbar的头像，这双鞋的主题为“勾手胜过千言万语”（The Hook Shot is Worth A Thousand Words）。鞋舌内里的“69/75”代表了他初进联盟在密尔沃基雄鹿队效力的六个赛季。

adidas T-MAC 5「FIRE」

2015年仅在中国大陆地区限量发售1172双，配色灵感来自2005年推出的“连老天都感动得哭了”adidasT-Mac 5广告。除了图上这双“火”鞋以外，同时发售的还有另外一双以“雨”为主题的配色。

细节

鞋舌上绣有单独设计过的火焰标志，紧扣该配色的主题。

adidas J WALL 2「TAKE ON SUMMER」

2015年发售，是当时adidas 为旗下签约球员John Wall 推出的第二代签名鞋。图上的配色是为当年adidas“火拼”（Take on Summer）赛事推出的专属配色。“火拼”赛事每年夏天举办，赛制集选拔与集训一体，在热爱篮球的年轻人中有很高的口碑。

细节

两只鞋子的鞋舌中段分别印有“GREATWALL”字样，除了作为John Wall 的绰号之一，它还代表了John Wall 后背的长城文身，以及不断超越自我、迎接新自己的寓意。

JORDAN CP3VIII

2014年推出，Chris Paul 的第八双个人签名鞋，鞋子相比上一代降低了鞋帮高度。独特的5/8鞋帮高度与内靴设计，专为快节奏比赛量身打造。

细节

鞋舌绣有他的个人标志，还加入了彩虹镀膜材质。鞋舌内部有Chris Paul的家谱。

细节

在鞋舌上绣有《Sneaker Freaker》的标志，这种做法比较常见，可以更直接地体现联名鞋款的身份。

SNEAKER FREAKER ×SAUCONY GRID SD「KUSHWACKER」

鞋款于1991年首次推出，图中这双是球鞋杂志《Sneaker Freaker》于2015年联手Saucony Originals 推出的联名鞋款。

NIKE LEBRON XII「HEART OF A LION」

2014年推出，为LeBron James的第12双个人签名鞋，由Jason Petrie设计。设计旨在增强爆发力的同时，将以下三种关键优势结合在一起：出色的缓震系统、安全稳固的支撑力和自如的灵活性。Nike运动研究实验室（N.S.R.L.）为这双鞋子提供了有关运动表现和科学测试的深度分析。LEBRON XII就诞生于该实验室，在这里，科学数据和分析充分体现了对新一代缓震系统、支撑力和灵活性的需求。

细节

鞋舌带有LeBron James 的签名及个人标志，12个黑点代表着这是第12双签名鞋。

AIR JORDAN 4 RETRO 「CEMENT」

1989年推出，由Tinker Hatfield 设计，是Michael Jordan的第四双个人签名鞋。图中为2016年发售的复刻版本。不规则泼墨图案、优质皮革鞋面与鞋跟著名的NIKE AIR标志和谐融为一体，高度还原了元年的设计。

细节

鞋舌上Jumpman标志与“Flight”字样的组合为Air Jordan 4 的经典符号。

细节

皮革鞋舌上，LeBron James 的签名与“XIII”字样采用了压纹的方式处理，金色的个人标志紧扣奥运主题，寄托着美好的寓意。

NIKE LEBRON XIII LOW「USA」

2016年推出，由Jason Petrie 设计，是 LeBron James 第13双个人签名鞋的低帮版本。前掌Zoom Air、后掌Max Air以及轻质鞋身，所有设定都为球场上的高速需求而打造。

细节

鞋舌的多彩灵感来自“兔八哥”手中的胡萝卜，鞋舌中央融入了经典的“Hare Jordan”图案。

AIR JORDAN 1 MID「HARE」

2015年上市，以Air Jordan 1 的八孔版本为蓝本，灵感来自于1992年与Michael Jordan 共同出演广告的经典卡通形象“兔八哥”。

细节

鞋舌上以美国国家航空航天局（NASA）标志的星星、月球和轨道作为背景，加上联名双方的标志，形成全新的设计。

BAIT×SAUCONY SHADOW 5500 CRUEL WORLD 6「GIANT LEAPS」

2016年，美国跑鞋经典品牌Saucony 联手加利福尼亚州潮店BAIT 推出Shadow 5500 Cruel World 6“Giant Leaps”。配色主题灵感来自“漫步月球”。

FLIGHT
PENNY HARDAWAY

细节

鞋舌上的三角形塑料鞋带扣是这款配色的独有配件。鞋舌上带有“1 Cent”标志，鞋舌内里绣有“SIX”字样，代表第六代球鞋，并绣有Penny Hardway 的签名。

NIKE ZOOM PENNY VI 「PENNY PACK」

2015年，由Air Foamposite One 和Zoom Penny VI 组成的“Penny Pack”上市。其中这款Penny VI 为Penny Hardway的第六双个人签名鞋，由Marc Dolce 设计，套装中的这双配色灵感来自孟菲斯大学老虎队。

细节

鞋舌上覆有两片仿龙鳞材质的皮革，最终汇合形成“立体鞋带孔”的设计。

JORDAN CP3 IX「YELLOW DRAGON」

2015年推出，为Chris Paul 的第九双个人签名鞋。图中所示为独有的中国版本配色，灵感则来自庆祝中国新年时的舞龙表演。

TEAM SIGNATURE
TS

adidas TS LIGHTSWITCH GIL「CUSTOMIZE」

2007年推出，为Gilbert Arenas 的专属鞋款。图中配色的灵感来自当年推出的电视广告，白色部位的鞋身采用了类似白板的材质，并随鞋附有一支马克笔。

细节

鞋舌上印有Gilbert Arenas在长凳上拍球的卡通形象，并加入了全息图材质，可以变幻出adidas的标志和“TS”字样。

DOVER
STREET
MARKET

细节

鞋舌上绣有DSM的标志，鞋舌内里的Ventile®标识，表明鞋面使用了Ventile防水物料。

NIKELAB DUNK LUX SP / DSM

2015年，正值Nike Dunk 鞋款推出30周年，NikeLab 与伦敦时尚地标Dover Street Market 联手推出了两款改版Dunk Lux。

细节

左右脚的鞋舌上分别印有adidas标志和代表Solebox的“S”字样，镂空的环形设计是adidas Consortium系列的独有标识。

SOLEBOX × adidas CONSORTIUM ULTRA BOOST UNCAGED

2016年，adidas Consortium World Tour企划在3月与始创于德国柏林的球鞋店铺Solebox联手打造了这双在常规版本基础上取消了侧面TPU设计的Ultra Boost Uncaged鞋款。

S

鞋　面

作为整双鞋最能体现设计感的部分，鞋面会给人留下最直观的第一印象。随着工艺的发展，各种材质和制作方式的鞋面层出不穷，也逐渐完善地表达出设计师的想法。

NIKE MERCURIAL SUPERFLY IV SE FG 「WHAT THE?」

2016年，融合了过往16双Mercurial 球鞋元素的“What The Mercurial?”鞋款诞生。全球限量发售3000双（中国大陆地区仅50双），这也是“What The?”主题首次应用在足球鞋款。

细节

鞋面使用了All Conditions Control（ACC）科技，使鞋面不管在潮湿或干燥的球场上均能保持对足球掌控的统一性。

ACC
ALL
CONDITIONS
CONTROL

细节

鞋面使用了网眼和麂皮材质，白、灰、绿是“EQUIPMENT”主题色，塑料鞋带孔与尼龙材质三道杠标志组成一套包裹系统。

adidas EQUIPMENT RUNNING CUSHION 93

1993年首次推出，属于当时adidas专为运动员设计的“EQUIP-MENT”系列，图中展示的为2015年发售的复刻版本。

细节

帆布鞋面大量使用了Andy Warhol绘制的波普风格的香蕉图案。

CLOT×ANDY WARHOL× CONVERSE CHUCK TAYLOR ALL STAR「YEAR OF THE MONKEY」

2016年，Converse与潮流品牌CLOT 以及Andy Warhol基金会共同联手推出三方联名Chuck Taylor鞋款。

AIR JORDAN XXX

2016年推出，是Jordan Brand历时两年为Michael Jordan设计的第30双个人签名鞋。依旧由Tinker Hatfield设计。

细节

鞋面混合了编织、针织和3D打印材料。这是Jordan Brand 首次独家使用的技术。

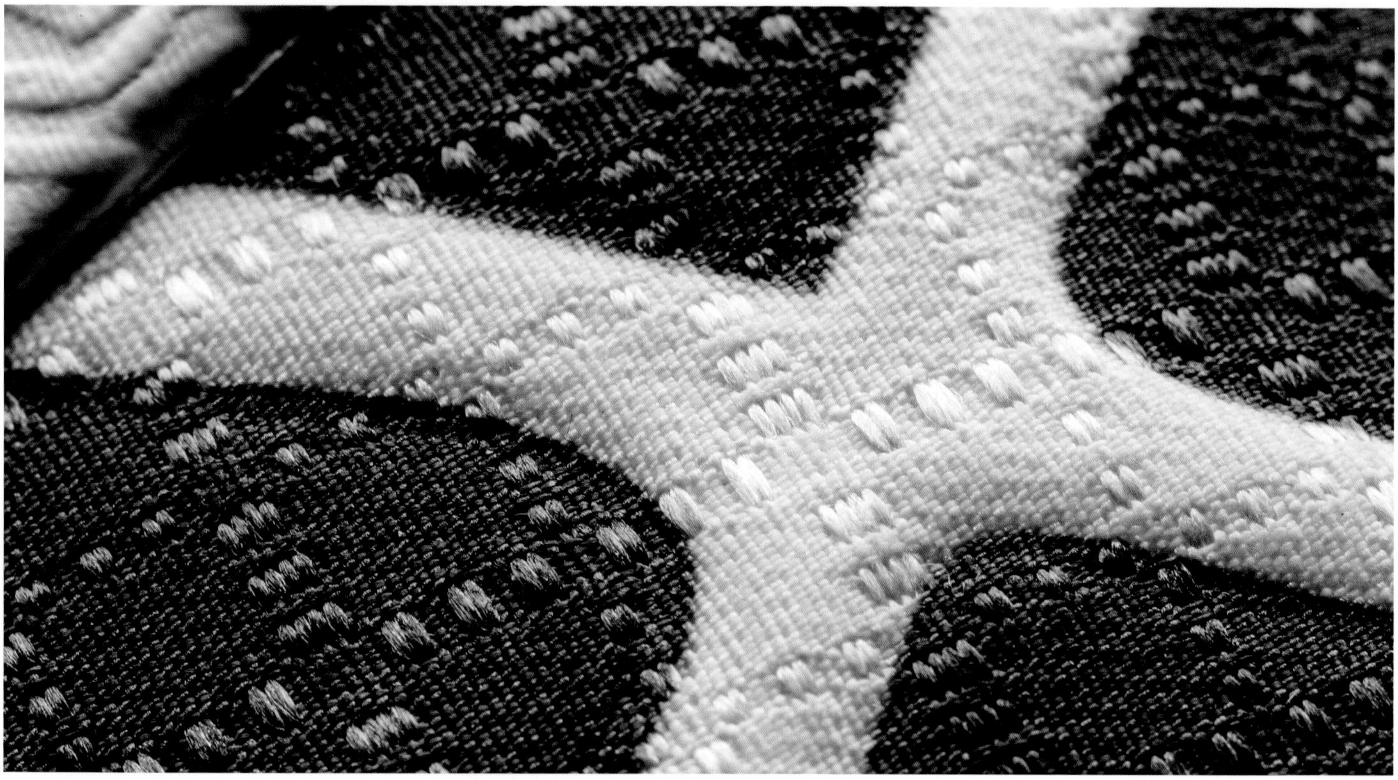

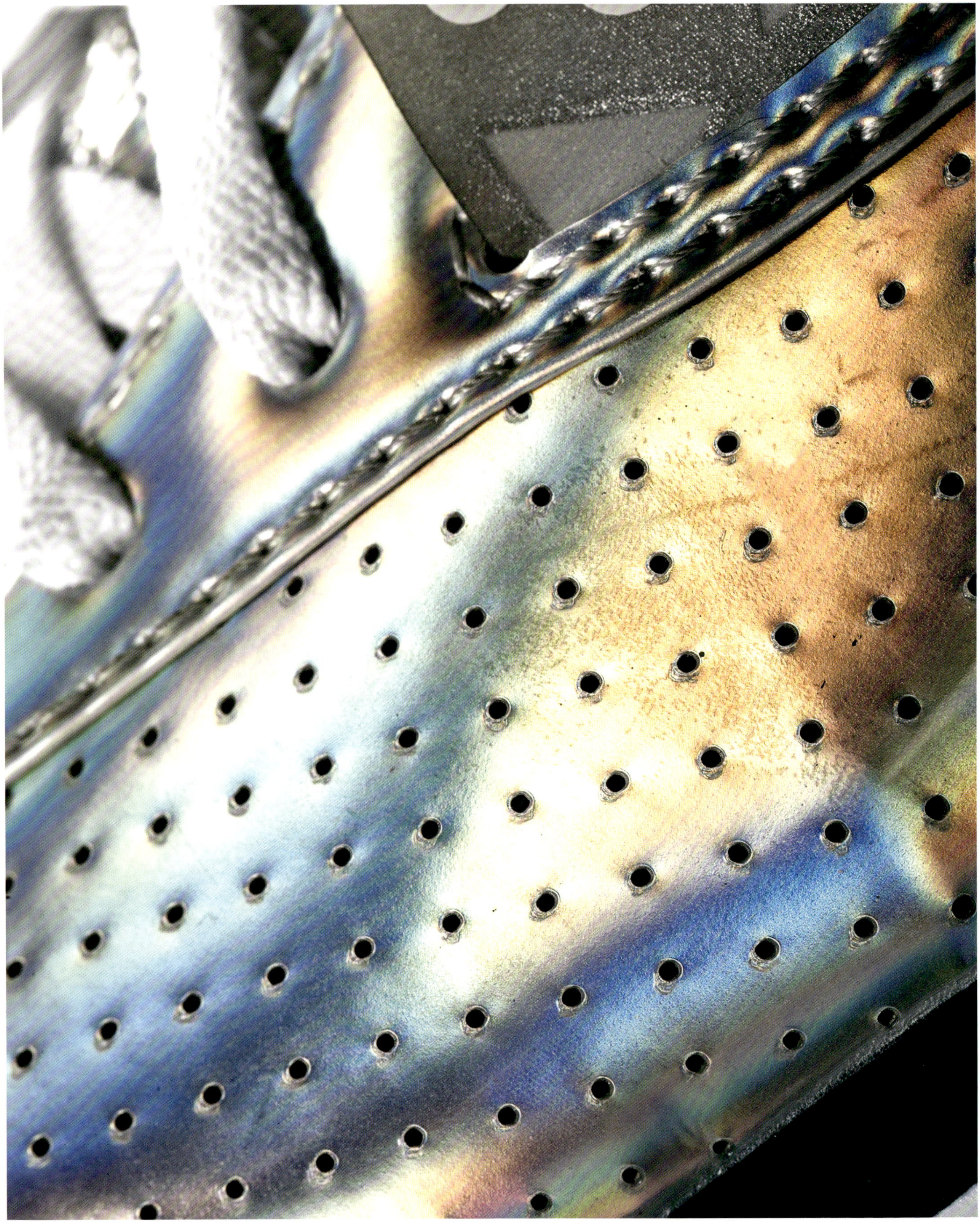

细节

鞋面采用了光照下会反射出五彩斑斓颜色的覆膜材料，布满冲孔。样品版本与市售版本的区别在于：一、部分中底使用了黑色；二、反光效果没有那么强烈。

李宁韦德之道四代「全明星」样品

未公开发售的样品版本，Dwyane Wade在李宁品牌的第四双个人签名鞋，由Eric Miller 操刀设计。

SAUCONY SHADOW 6000「IRISH COFFEE」PACK

2016年推出的Saucony Shadow 6000“Irish Coffee”（爱尔兰咖啡）套装。三双鞋的配色灵感分别来自制作爱尔兰咖啡所需的三种原料，旨在向1943年发明“爱尔兰咖啡”的Joe Sheridan 致敬。

细节

采用高档麂皮制作的鞋身分别以白、黑、棕三色，来代表爱尔兰咖啡的奶油、黑咖啡、爱尔兰威士忌三种成分。

NIKE AIR FORCE 1 ULTRA FLYKNIT MID「MULTICOLOR」

2016年推出，在Air Force 1 诞生34年之际，Nike 将Flyknit科技应用在原版鞋型上，新版球鞋的重量仅为原版的一半。

细节

在应用Flyknit材质时，设计团队通力合作，力求以精确的结构和材质保持原版Air Force 1的外形和内部饰片。他们专注于重塑原版鞋尖、鞋鞍、鞋边和鞋面的形态，保留鞋头部位的打孔设计。加高的鞋尖和波形鞋眼片采用了更加厚实坚挺的纱线。

AIR JORDAN

AIR JORDAN 1 RETRO HIGH OG [BLACK/WHITE]

细节

在Air Jordan 1 Retro High OG经典鞋型基础之上，以高质感的黑色皮革鞋面，烘托了十足的精品感受，带来精致有加的扎实体验。

2015年复刻发售，原型为Michael Jordan 的首双个人签名鞋，由Tinker Hatfield 设计。鞋款本身融合了诸多Nike当年的经典鞋款元素，如今Air Jordan 1 成为最具代表性的经典球鞋款式之一。

细节

Nike Flyknit是一种由聚酯纱线制作而成的鞋面技术，它不仅具有轻量、弹性和耐磨等特点，同时也通过线与线自然交错形成的孔眼，增加了鞋面的透气性。鞋面的Flyknit科技首次融入TPU纤维线，纱线的坚固度、轻质感与柔韧性均优于前代，并保证了鞋面的支撑性。

NIKE KOBE XI ELITE LOW「ACHILLES HEEL」

2015年首次亮相，Nike 为Kobe Bryant推出的第11双个人签名鞋，同时也是Kobe 职业生涯穿着的最后一款个人签名鞋，由Eric Avar设计。

PORTS 1961 BEE SNEAKERS

2015年秋季推出的“Slip-On”鞋款，来自加拿大多伦多的奢侈品牌PORTS。创始人Luke Tanabe先生是一位环球梦想家，追求“清晨在撒哈拉沙漠畅游、傍晚在纽约晚餐”的生活方式。

细节

鞋面采用小山羊皮材质，由整块皮质打造的蝴蝶结覆在鞋面之上，没有其他多余的设计，整体性十足。

AIR JORDAN 11 RETRO「72-10」

2015年推出，原型系由Tinker Hatfield 为Michael Jordan 设计的第11双个人签名鞋。配色灵感来自1995-1996赛季芝加哥公牛队创造的72胜10负的常规赛战绩。

细节

鞋面采用皮革结合翻毛皮，再搭配经典的漆皮材质，并首次取消了传统尼龙织物材质的使用，转而使用荔枝纹皮革代替。三种不同质感的皮革材料拼接，最大化突出了鞋款的整体质感。

细节

鞋面采用网眼结合热贴工艺，鞋带从脚背中部开始直至鞋舌，在鞋面中部和脚踝处运用了两段魔术贴绑带包覆脚面的设计。

NIKE LEBRON SOLDIER IX

2015年推出，为LeBron James 签名球鞋支线产品“Soldier”系列的第九双鞋款，由Jason Petrie 设计。

AIR JORDAN 1 HIGH DW

2012年，Jordan Brand与英国插画家Dave White合作推出的Air Jordan 1限量版本，Dave White颠覆性的设计完全重塑了经典的Air Jordan 1

细节

鞋面采用皮革，麂皮材质鞋头，鞋面两侧取消了Swoosh设计，取而代之的是Dave White的经典喷溅图案和五芒星。此外鞋头两侧的皮革还加入了Air Jordan 3 的爆裂纹元素。

adidas YEEZY BOOST 750

2015年，Kanye West 与adidas 合作后推出的首双Yeezy 系列鞋款，鞋款本身脱离了传统球鞋设计风格，更加强调时尚属性，也被注入更多Kanye West 的个人时尚态度。

细节

高帮的设计，全麂皮鞋面，鞋头布满冲孔，取消了传统鞋舌部分，而是将整个鞋面一体化。脚踝内侧运用了拉链设计，鞋面中部加入帆布材质的宽绑带魔术贴，绑带内侧印有三条弹性胶条。

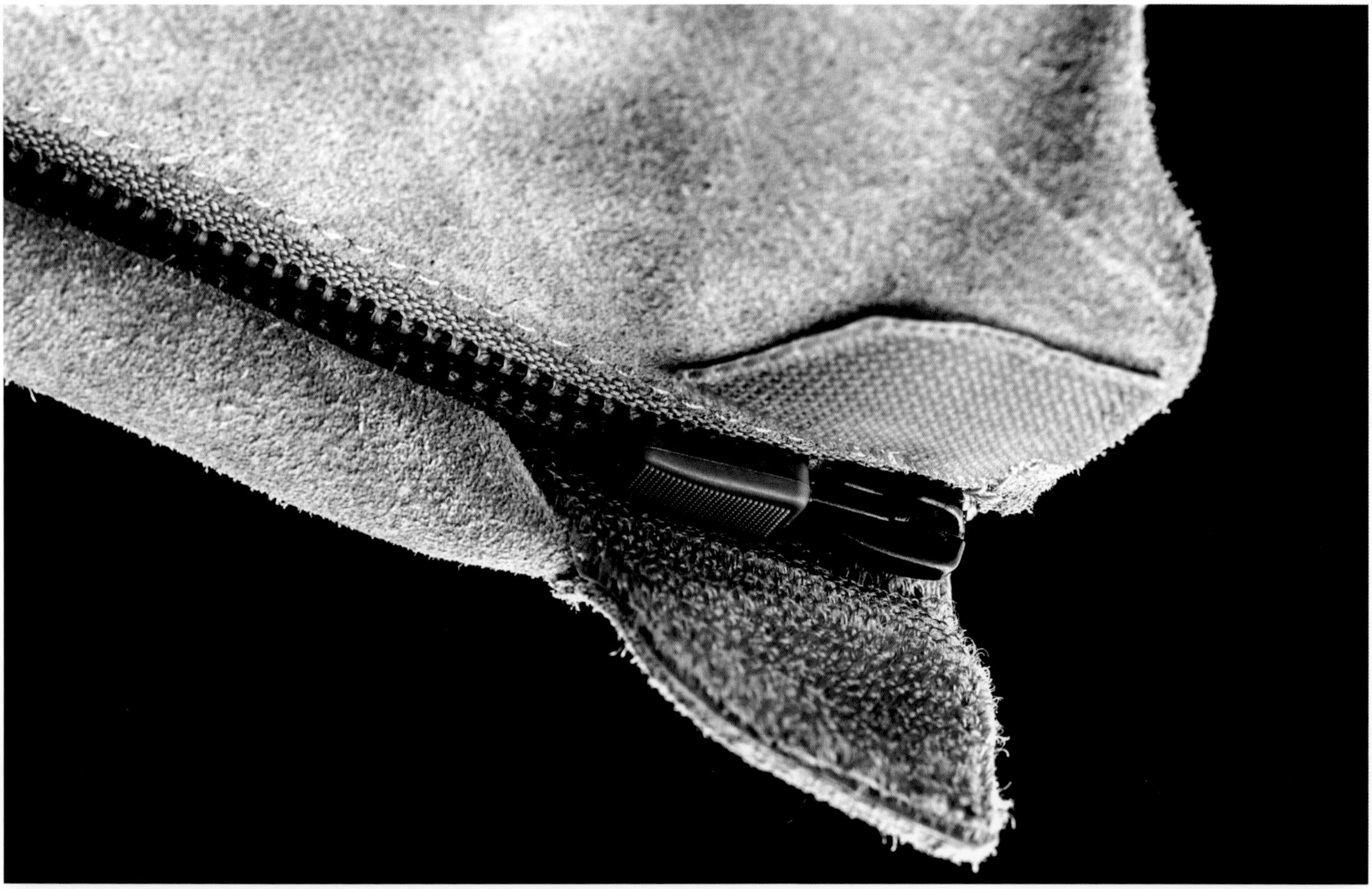

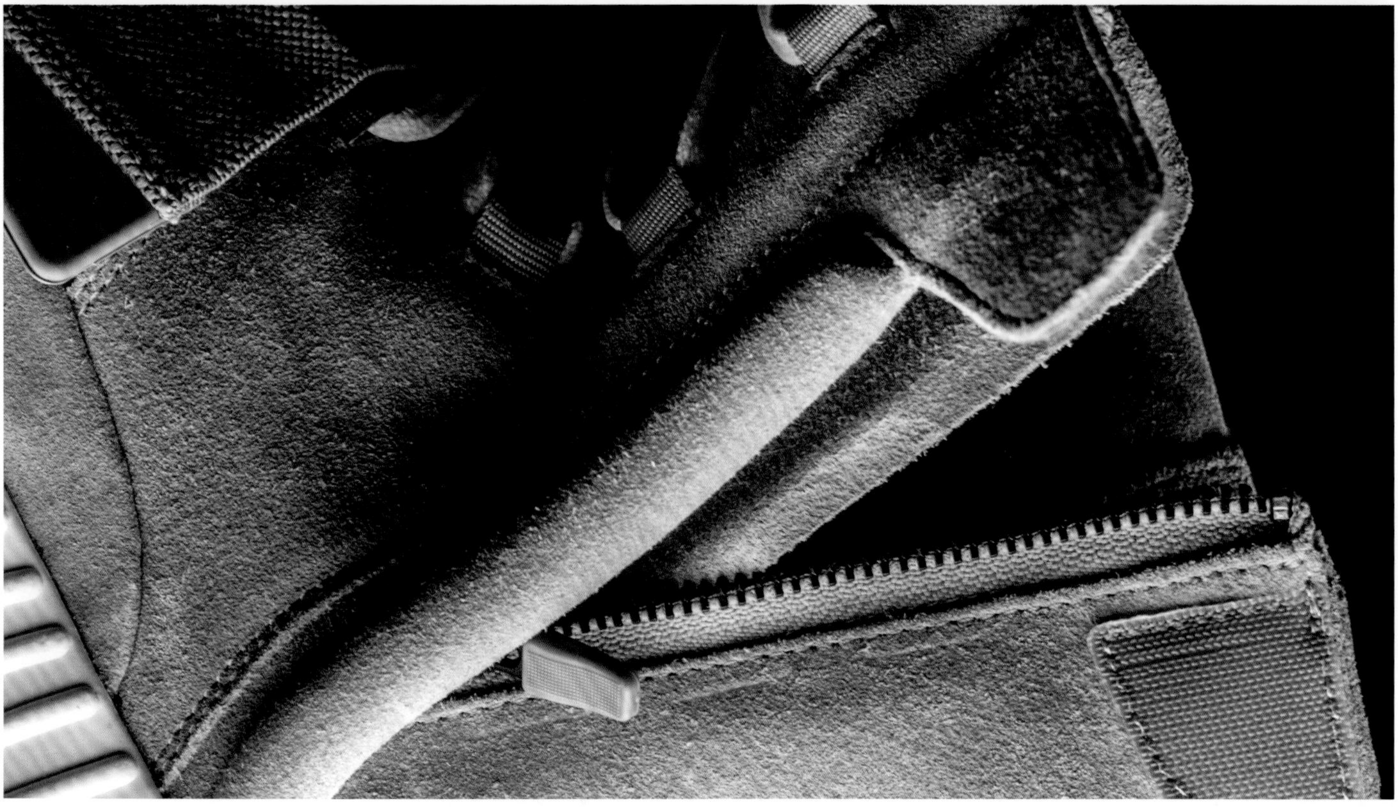

AIR JORDAN XX3

2008年推出，Jordan Brand为Michael Jordan推出的第23双个人签名鞋。由Tinker Hatfield设计，由于数字“23”和Jordan微妙的关系，这双鞋也被赋予了独特的意义。

细节

Air Jordan XX3是首双以“Nike Considered Construction System”概念设计的篮球鞋款，这个理念的宗旨是在不影响性能的同时，减少浪费并使用环保材料制造。鞋面和鞋帮采用皮革和部分尼龙织物，两侧皮革部分绣满刺绣花纹，根据配色不同花纹也不同。中底立体TPU延伸至鞋头两侧，鞋头至鞋舌布满大小不同的冲孔设计，细节无比精致。

NIKE KOBE IX HIGH EXT QS

2014年推出，由Kobe Bryant 在耐克品牌的第九双个人签名鞋——Kobe IX Elite 衍生出的场下休闲鞋款，一改以往性能至上的实战理念，EXT 版本被赋予更多时尚属性。

细节

全鞋面采用棕色皮革，并呈现仿蛇皮纹理的质感，两侧印有黑色Swoosh ，脚踝处有压模的凸起设计。

AIR JORDAN 6 RETRO × SLAM DUNK

2014年，Jordan Brand与日本漫画家井上雄彦（Inoue Takehiko）合作的Jordan × Slam Dunk系列率先在香港发布。Air Jordan 6是Michael Jordan的第六双个人签名鞋（当年首次获得NBA总冠军），同时也是《灌篮高手》主人公樱木花道在漫画中穿着的鞋款。

细节

运用反光材料，将井上雄彦绘制的漫画男主角樱木花道的经典画面手稿印制在纯红色的鞋面上。鞋帮提环和鞋舌都使用半透明白色橡胶材质，后跟的绣号用樱木花道的背号10号代替了原本的23号。

10

细节

鞋面造型简洁，整体感十足，使用了让人过目难忘的全鞋面电镀工艺，使整双鞋看上去十分夸张，质感也与传统的皮质鞋面差异很大。Chris Webber 在当年的全明星赛上也选择穿着该鞋款。

DADA SUPREME C-DUBBZ

2002年推出，DADA Supreme 为旗下签约球星Chris Webber 推出的个人签名鞋，由设计师Lantz Simpson与球星Chris Webber 共同设计。

UNDRCRWN × adidas GIL ZERO LOW PE

2007年推出，adidas 联手潮流品牌UNDRCRWN 为旗下篮球签名鞋系列推出的联名特别版。Gil Zero Low 则是其中之一，本身是Gilbert Arenas的签名鞋款。

细节

鞋面采用20世纪90年代风格的图案纹理，白色皮革为主，加入了彩色织物细节，并使用镭射技术，在两侧和鞋头切割出“UNDRCRWN”字样。图中展示的是Gilbert Arenas 在CBA 联赛上场的亲穿版本。

NIKE AIR FOAMPOSITE ONE「HOLOGRAM」

鞋款本身是Eric Avar在1997年为“Penny”（Anfernee Hardaway）设计的个人签名鞋款，整体设计前卫，颠覆传统，创新地使用了先进的Foamposite材料，“Hologram”是2015年推出的复刻版本新配色，灵感源自于全系图。

细节

鞋面使用具有代表性的Foamposite材质，表面的镀膜材质在光照下，会呈现出迷幻的多种颜色，鞋舌和鞋帮则采用黑色皮革和织物。

DADA SUPREME 4TH QUARTER 「USA」KARL MALONE PE

2002年推出，DADA Supreme为旗下签约球星Chris Webber推出的个人签名鞋，由设计师Lantz Simpson与球星Chris Webber共同设计。

细节

鞋款整体使用传统美国国家队的红、白、蓝配色方案，鞋面的星星图案和电镀TPU 条的灵感来自美国国旗，外侧印有“USA”字样及Karl Malone在国家队的背号“11”，鞋头外侧印有“DADA Supreme”字样。

NEW BALANCE MRT580 XX

New Balance 2015年为经典的580推出的特别版本，纯白色和独特的纹样设计为经典的鞋款赋予更强的潮流质感。

细节

全白色的鞋面采用了仿鳄鱼皮质感的压纹处理，若干“XX”纹样覆盖整个鞋面，简单色调下更显不俗质感。

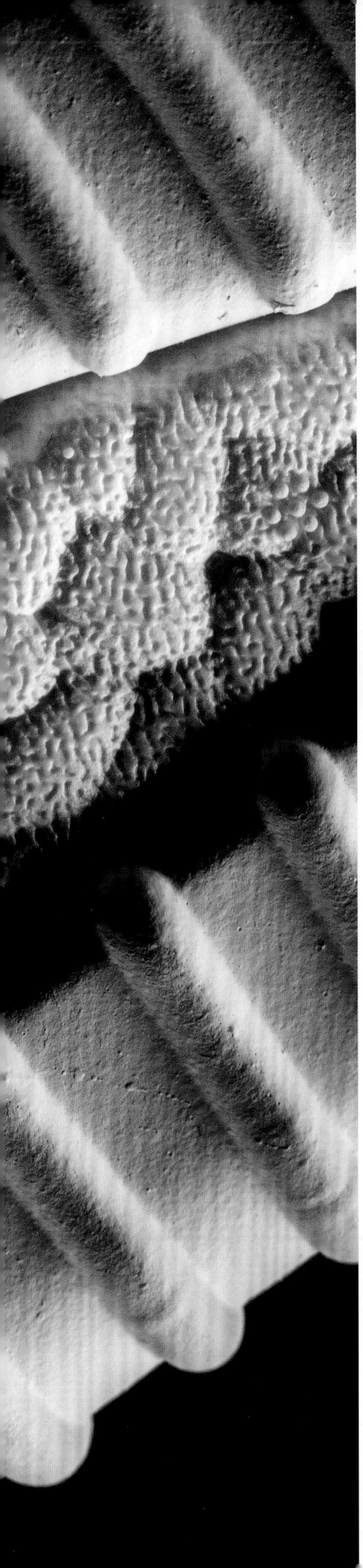

鞋 底

鞋底主宰着鞋款给穿着者带来的感受，甚至可以说是鞋款性能的核心体现，各家品牌为了带来最佳的穿着体验，都会将自家最得意创新的科技搭载于此。

NIKELAB LUNAREPIC FLYKNIT

Nike 在2016年推出的全新旗舰款跑鞋，使用了在传统跑鞋设计中极少见的高帮设计，并有Nike引以为傲的Flyknit 编织鞋面技术加持，由Nike跑步鞋类设计总监Tae Yong Lee操刀设计。

细节

在中底的设计上，引入全新的双向注入技术，并用加热技术将软硬程度不同的两块泡绵合为一体，整块鞋底没有使用胶水，最大程度减少对环境的污染。中底及外底均使用镭射技术切割出有针对性的沟壑，受力后结构形变以达到一定的缓震效果。

adidas YEEZY BOOST 350

2015年推出，Kanye West与adidas合作后推出的第二双鞋款。不同于之前的750，350低帮的设计更加适合日常穿着，Primknit编织鞋面也大大提高了鞋款的舒适度。

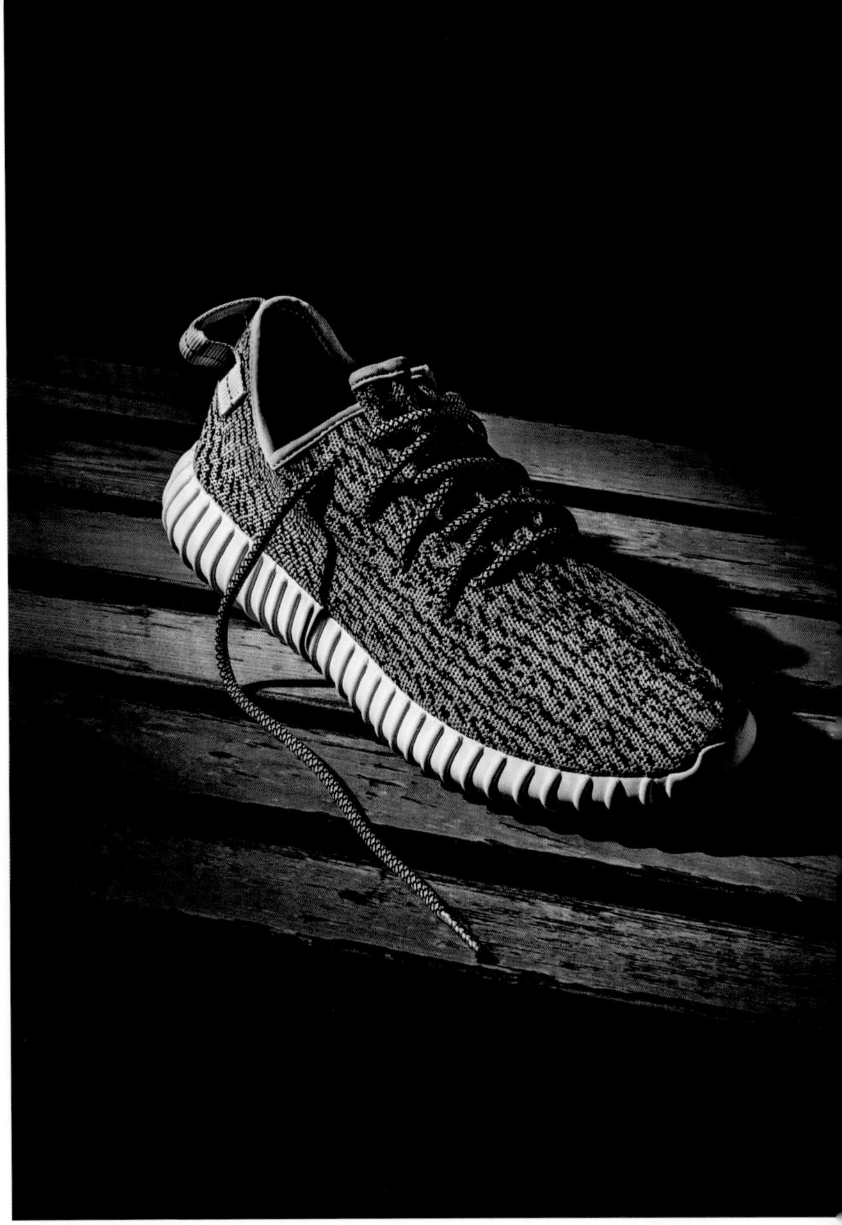

细节

鞋底使用了橡胶框架，立体条纹设计从大底延伸至中底，内置adidas 引以为傲的Boost 缓震材料并在后跟有镂空设计。

NIKE KD8 ELITE

2016年推出，Nike 为Kevin Durant打造的第八双个人签名鞋的Elite 版本。由 Kevin Durant 与设计师Leo Chang联手设计。

细节

后跟中底上翻、包裹至跟腱的灵感来自Kevin Durant的剑齿虎文身，中底搭载全掌可视化Zoom Air气垫，并且直接与外底结合，外底的前掌与足跟处加入了切割凹槽设计。

adidas EQT KB8 II（CRAZY 2）

1998年推出，Kobe Bryant在adidas时期的第二双个人签名鞋。鞋面使用了大面积的“Breathable Metallic Mesh”纤维，这种材料更多提升了球鞋的透气性，良好的脚感与实战表现使得adidas KB 8 II在销量上也非常可观，可以说这双鞋是Kobe Bryant签约adidas时期最优秀的战靴之一。

细节

鞋底使用了FYW（Feel Your Wear）技术，同时搭配中底的ADIPRNE+缓震材料以及adiLux鞋垫，中足大面积的Torsion System 保证鞋款的稳定性。

细节

鞋底的多彩灵感来自“兔八哥”手中的胡萝卜，运用了集合分割的外底设计以及圆形凹槽的纹路，中底搭载内置Air Sole气垫缓震模块。

AIR JORDAN 7 RETRO「HARE」

1992年推出，Michael Jordan的第七双个人签名鞋。配色灵感来自于1992年，与Michael Jordan共同出演广告的卡通形象“兔八哥”。

细节

鞋款的整个鞋底被划分为八个部分，更加具有针对性，在前掌的其中四个分区加入了Hex Zoom Air技术，即分区化的Zoom Air 气垫单元，更强调训练过程中双脚的响应和灵敏。

NIKE ZOOM HYPERCROSS

2014年Nike推出的综合训练鞋款，鞋款设计针对高强度的综合训练项目，Hyperfuse和Flywire的鞋面科技组合强调稳定性，以保护训练过程中的双脚，低帮设计更适合需要充分灵活性的运动项目。

NIKE FREE SPECIAL FIELD BOOT

设计源自第二次世界大战时期，Nike品牌联合创始人Bill Bowerman先生曾经作为第10山地师一员的经历，Nike 将传统军靴改良，加入自己的设计理解从而打造出全新的多地形军靴。

细节

将军靴的样式融入了Free 理念的鞋底，保证靴款轻质的同时提高了双脚的灵活性，这对于久战沙场的军人来说尤其重要，极佳的舒适度和防水防尘也是必不可少的要素。

NJR × JORDAN HYPERVENOM

2016年，Jordan Brand专为巴西足球巨星 Neymar推出全新的NJR × Jordan系列。以Air Jordan 5为设计灵感，重新打造了Hypervenom。

细节

鞋后跟外侧呈现两人球衣背号“10”号与“23”号。鞋底使用了泼墨元素及巨大的Jumpman标志，并沿用了Air Jordan 5 的鲨鱼齿图案。

细节

鞋底的红、绿色部分为梯度加速（GRADIENT dual）科技区域，不同密度的中底材料可针对不同的发力区域做出响应，前掌采用弯曲槽设计加强灵活性，外侧边缘放置了Tony Parker的“TP”标志。

匹克帕克二代「圣诞节」

2014年推出的圣诞版本，是中国品牌匹克为Tony Parker推出的第二双个人签名鞋。圣诞特别版配色灵感来自树轮蛋糕。

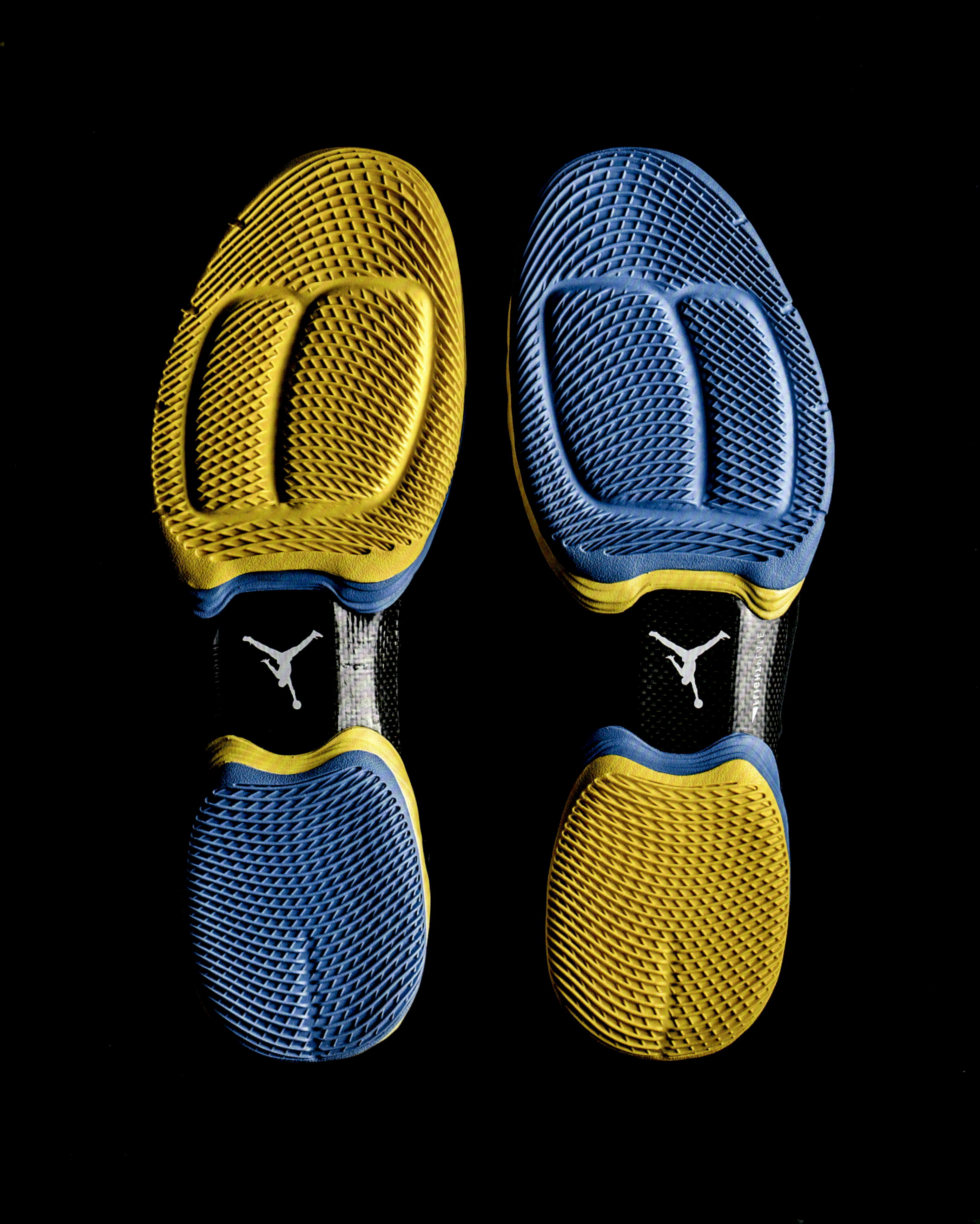

AIR JORDAN XX8「PLAYOFFS」RW PE

2013年推出，Jordan Brand 为Michael Jordan 推出的第28双个人签名鞋，由Tinker Hatfield 设计。夸张的鞋帮高度和设计方式是过去所不曾出现的，图中配色是Jordan Brand 为Russell Westbrook 征战季后赛而推出的个人专属配色。

细节

鞋底使用Flight Plate系统结合前后分掌Zoom Air气垫，Flight Plate模块可以最大化发挥气垫的响应和缓震效果，左右脚鞋底的黄、蓝色分布完全反转，纵横交错的网格状底纹提供抓地力，中足碳纤维承托盘搭配后跟两侧碳纤维组成提供稳定性的系统。

NIKE MERCURIAL SUPERFLY CR7

2014年发布，为葡萄牙足球巨星Cristiano Ronaldo所打造的全新战靴。Mercurial Superfly 强调轻质极速，专为在绿茵场上拥有超强爆发力和速度攻击性的球员设计。

细节

鞋底使用全碳纤维打造，极度轻盈且韧性极佳的机能，让碳纤维成为顶级球鞋的最好选择，搭配整片Flyknit 编织鞋面，可让鞋款的重量降至最低。

细节

中足处使用了类似鱼鳍状的支撑设计，后跟加入了Air Max气垫提供稳定的缓震体验，外侧的外底上翻设计也是点睛之笔。

NIKE AIR MAX P2 ULTIMATE PE

2007年推出，为Paul Pierce 的签名鞋款，没有市售，大面积漆皮和翻毛皮革的搭配打造了不俗的质感，魔术贴设计也让人过目不忘。

细节

中足使用FlightSpeed 系统结合前掌两段式Zoom Air气垫，鞋底纹路为铰接式的弯曲凹槽设计。

JORDAN MELO M12「THE DUNGEON」

2016年发售，Carmelo Anthony的第12双个人签名鞋，设计灵感来自远古爬行动物——大蜥蜴。图中的配色是向Carmelo Anthony儿时的练球场所“地牢”致敬。

adidas TS LIGHTSWITCH GIL×《SLAM》

2008年，adidas与《SLAM》杂志联手推出合作鞋款。鞋面的虎纹图案灵感来自Gilbert Arenas 的虎头文身。

细节

鞋底内里直接印有Gilbert Arenas登上《SLAM》杂志的封面，透明水晶外底可以直接看清内里图案。

adidas TS LIGHTSWITCH GIL × COCA COLA ZERO SAMPLE

未市售的样品，adidas联手可口可乐为Arenas专属鞋款adidas TS Lightswitch Gil推出的合作鞋款，整体黑、红、银的颜色搭配和“零度可口可乐”完全相同。

细节

红色鞋垫上印满了黑色的“零度可口可乐”的标志，外底使用黑色搭配中足银色TPU 承托盘。

李宁韦德之道「王朝」

2012年，仅在北美地区限量发售40套的李宁韦德之道“王朝”套装，套装内分为主、客场两双。鞋款本身是Dwyane Wade在李宁品牌的首双个人签名鞋，由Eric Miller主要设计。

细节

冰蓝色的透明外底下印着Dwyane Wade生涯获得的荣誉（截至2011-12赛季）。前掌内侧的圆形“WADE”标志下印着红色的“Dwyane Wade”字样。中足使用贯穿外底的碳纤维承托盘并印有李宁标志。外底印有“11105”字样，这是他两个儿子和一个侄子当时的年龄，“91”是他祖母的年龄，“ZZGD”是他儿子、侄子、妻子的名字首字母。

vitra

细节

鞋底使用了Vibram橡胶，加强耐磨，横条纹底纹提供抓地力。

PUBLISH × TIMBERLAND「REINVENTING CALIFORNIA」CHELSEA BOOT

2015年，加利福尼亚州街头品牌Publish与Timberland合作推出“Reinventing California”系列。在保留了Chelsea Boot靴型的基础上，做出独特的设计风格。

I R

技　术

专业运动鞋和普通鞋款最大的区别就在于针对运动研发的不同技术。各品牌在不断地摸索和创新过程中塑造了各式各样的球鞋科技，旨在提供更加舒适的穿着体验和运动保护。

NIKE AIR MAX 98

1987年，Tinker Hatfield 创造了带可视气垫的Nike Air Max。

细节

在1998年推出的Air Max 98身上，使用了全掌Air Max缓震气垫，这项技术也日趋成熟，视觉冲击力更强。

AIR
DUNLOP

DADA SUPREME SPINNER I

2005年推出，设计灵感来自跑车的SPINNER I由Latrell Sprewell主力代言。

细节

鞋款使用了LS Air Exchange技术，在气垫内加入避震弹簧。在气垫承受压力时，能够带动鞋帮外侧的轮圈转动，也因此被称为“风火轮”。

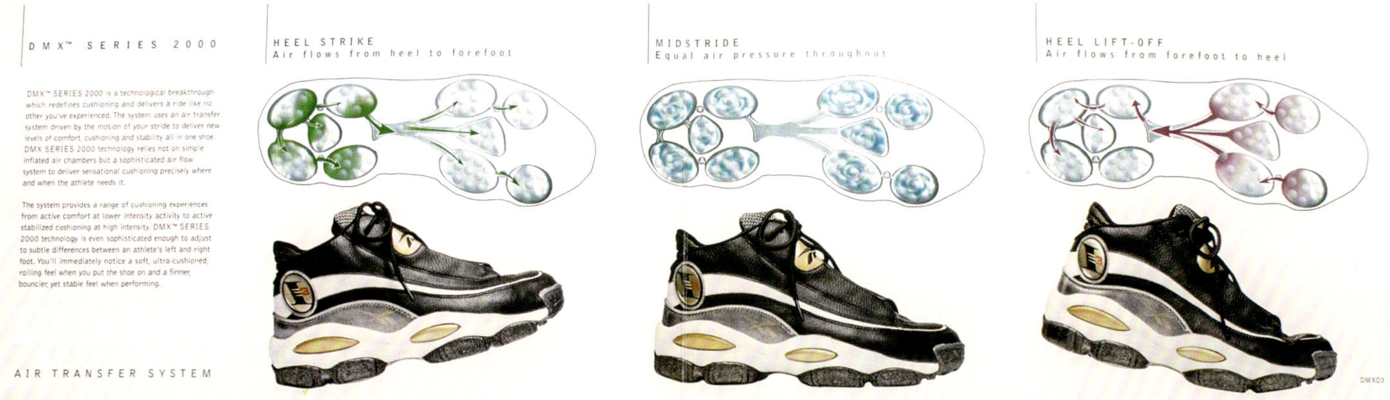

REEBOK ANSWER DMX 10

1997年推出，为著名球星Allen Iverson“Answer”系列的首款签名鞋。

细节

鞋底使用DMX™ SERIES 2000科技，由10个相连的气囊所组成。通过受力位置不同产生形变，从而达到缓震效果。

NIKE KOBE XI ELITE LOW 「LAST EMPEROR」

2016年推出，为Kobe Bryant在Nike品牌的第11双个人签名鞋，由Eric Avar设计。配色致敬Kobe Bryant 的传奇生涯。

细节

嵌入式的中底，前掌运用了Nike Lunarlon泡棉，并引入分割凹槽设计，后跟处采用Zoom Air气垫缓震。外底使用半透明橡胶。

adidas T-MAC 5「ASG2006」

2006年推出，为Tracy McGrady 第五双签名鞋的全明星版本。

细节

后跟及中足处使用了TORSION SYSTEM 结合木质贴片。元年版本为前、后掌结合adiPRENE 缓震胶，复刻版本则降低了配置。

李宁韦德之道三代「灰孩子」

2015年推出，Dwyane Wade在李宁品牌的第三双个人签名鞋，由Eric Miller操刀设计。配色灵感来自Dwyane Wade高中时期穿着的灰色校服。

细节

中底首次使用了双层设计：上层使用EVA材质，前掌内置Bouse科技，后掌内置Cushion科技；下层使用李宁"云"科技，中足处运用大面积碳纤维板材质。

adidas ULTRA BOOST

adidas在2015年推出的旗舰款跑鞋，鞋面采用了Primeknit 编织科技。

细节

中底使用Boost缓震材质。TORSION® System植入中底，外底使用Stretch Web 网格状弹性橡胶。

细节

图中展示的是Nike 与Fragment Design合作推出的限定配色，Natural Motion（NM）外底是搭载了以Nike Free技术为原理的轻量化外底。

FRAGMENT DESIGN × NIKELAB ROSHE DAYBREAK NM

2016年推出，融合了Nike旗下两大经典鞋型Day-break 和Roshe One，重新设计而成。

细节

配色灵感来自Nike运动研究实验室，鞋底使用五个可视化的六边形Nike HexZoom Air气垫，将Zoom气垫分割至不同区域，使缓震和灵敏更精准。

NIKE LEBRON XII「NSRL」

2014年推出，LeBron James 的第12双个人签名鞋，由Jason Petrie设计。

李宁刺客

2014年推出，鞋面使用了全新的Flex Shell科技，外层采用弹力材质结合拉链设计。

细节

鞋底使用李宁“弧”4.0缓震科技，通过将缓震材料塑造成拥有镂空的拱形结构，受力形变达到缓震效果，透明TPU 外壳对缓震模块加以保护同时提供支撑性。

细节

中底使用全掌IP射出缓震科技，结合后掌的Cushion缓震橡胶。中底搭载SAS同步协调系统，通过镂空中底组合TPU承托盘带来平顺缓震和步伐，同时兼顾透气性和稳定性。

李宁驭帅七代「蛇年」样品

2012年推出，由前李宁篮球鞋设计师马迅设计。图中展示的是没有市售的蛇年版本，鞋面采用无车缝工艺。

NIKESKIN

细节

鞋面同时运用 NikeSkin科技与全天候掌控ACC（All Condition Control）技术，通过在Flyknit鞋面进行覆膜工艺，提供普通编织鞋面不具备的防水、防尘以及速干性能，同时兼顾极佳的触球感。

NIKE HYPERVENOM II

2015年推出，是首款结合Flyknit鞋领与升级版网眼鞋面的Nike 足球战靴。

NIKE ZOOM KD 9「ZERO」

2016年推出，Kevin Durant 的第九双个人签名鞋，由Leo Chang 设计。

细节

在KD系列中，鞋面首次使用了Flyknit 科技，一体化鞋面取消了传统鞋舌设计，带来更强的包裹感，中底采用全掌的可视化Zoom Air气垫，前薄后厚的气垫设计针对前后掌不同的需求提供性能，前掌沟壑设计提高了弯折的灵活性。

NIKE MERCURIAL SUPERFLY V

2016年推出，鞋面采用一体化Flyknit 科技，并结合了NikeSkin 技术与全天候掌控ACC（All Condition Control）技术。

细节

全新的鞋底搭载Anti-Clog Traction技术，具有不沾泥和不沾水的特性，降低恶劣天气和场地对于运动员发挥的影响，并且比碳纤维鞋底重量减轻了40%。新型的鞋钉分布让运动员能更好地释放爆发力。

NIKE DUNK LOW BY CHRIS LUNDY

2003年推出，由设计师Mark Smith 联手职业冲浪手兼艺术家 Chris Lundy 合作打造，限量200双。

细节

鞋身使用一整张皮质打造，浪花主题的图案，通过激光工艺雕刻在整个鞋面上，每双鞋还配有标明鞋码的皮标。

Jordan

系　列

延续性是球鞋最迷人的魅力之一。随着时间的推移，从第一双鞋发展至整个系列，球鞋设计的变化也彰显着工艺的发展和人们审美的变化。

AIR JORDAN GOLD SERIES

2016年2月20日，位于中国香港的亚洲最大Jordan品牌旗舰店——Jordan 8 Wellington正式开业。店内陈列出历来30代Air Jordan球鞋，其中Air Jordan 1-XX9这29双球鞋以全金色的外观示人。

匹克闪电四代 ×「冰工厂」

2016年，匹克与冷饮品牌“冰工厂”跨界合作，以四种口味的棒冰为配色灵感，打造了四款特殊配色的匹克闪电四代。

NIKE DUNK LOW PRO SB「CITY PACK」

STAPLE DESIGN NYC（右页上）：2005年，Nike与潮流品牌Staple Design合作限量发售202双的纽约城市版本，其中在Staple门店发售30双。

TOKYO（右页下）：2004年限量发售202双的东京城市版本，鞋面采用帆布材质。

PARIS：2003年限量发售202双的巴黎城市版本，鞋面图案的灵感来自法国当代表现主义画家Bernard Buffet的作品风格，每双球鞋的图案均不相同。

LONDON：2004年限量发售202双的伦敦城市版本，灰色的麂皮鞋面象征阴郁的天气。泰晤士河的图案被绣在后跟外侧。

UNIVERSITY BLUE SERIES

作为Michael Jordan 的母校以及Jordan Brand 旗下的赞助学校，Nike和Jordan Brand 在每年势必会为北卡莱罗纳大学推出不少专属配色的鞋款。

NIKE ZOOM BRAVE IV「INOUE TAKEHIKO」（右页下）：2011年推出，专为亚洲市场研发的篮球鞋款。在2011年日本里氏9.0级地震并引发海啸的背景下，日本漫画家井上雄彦联手Nike 所打造的特殊配色，旨在鼓励大家对生活重拾信心。

AIR JORDAN XVII LOW：2002年推出，为Michael Jordan 第17双签名鞋的低帮版本，由Wilson Smith III 设计。以阿斯顿·马丁和爵士乐为设计灵感。

AIR JORDAN 1 RETRO「ALPHA」：2007年推出，
鞋面印有Michael Jordan 跳投绝杀乔治城大学的场景。

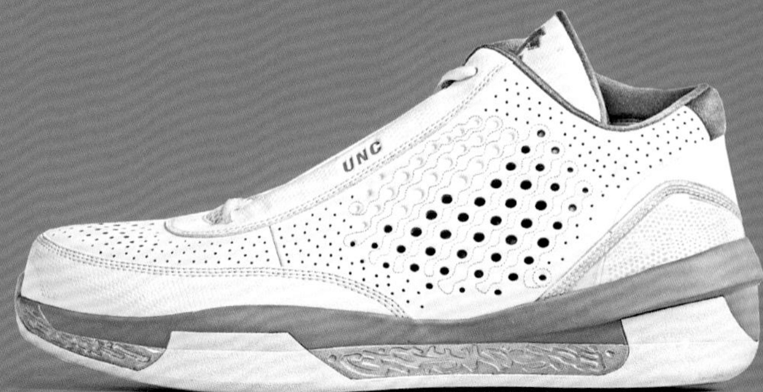
UNC

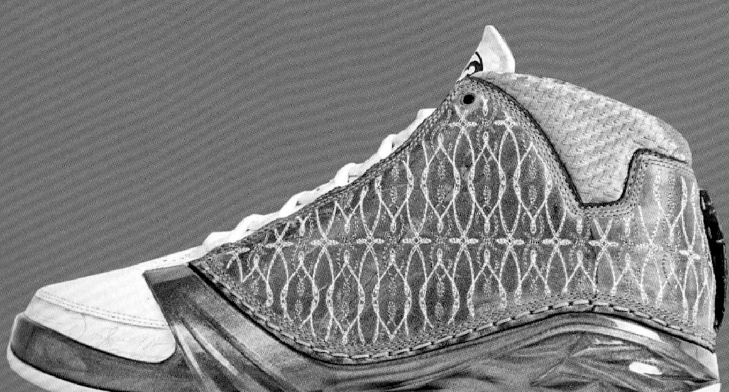

AIR JORDAN XX3「MELO」PE：未公开市售，为Carmelo Anthony 个人的球员版本。鞋款使用类似丹佛掘金队主场球衣的白、黄、“大学蓝”等颜色，左脚鞋舌标识出Carmelo Anthony当时的背号“15”。

WHITE & BLACK SERIES

AIR JORDAN 11「CONCORD」：1995年首次推出的首发配色，图中展示的是2011年发售的复刻版本。

AIR JORDAN 12「PLAYOFFS」：1997年首次推出，图中展示的是2012年发售的复刻版本。

AIR JORDAN 13「HE GOT GAME」：1997年首次推出，图中展示的是2013年发售的复刻版本。

AIR JORDAN 14「BLACK TOE」：1998年首次推出的首发配色，图中展示的是2014年发售的复刻版本。

adidas BASKETBALL「BALLIN’DEAD」2015

adidas在2015年推出的“Ballin’Dead”万圣节系列，以卡通大脑图案为主题，鞋款包括D Rose 6 Boost、JWall 2、D Lillard 1以及Crazy 8，所有鞋款都运用了夜光大底设计。

AIR

NIKE AIR FORCE 1 BY ZJ DESIGN

由中国设计师王志钧定制的Nike Air Force 1生肖系列（2012-2016），以不同版本的Air Force 1 为基础，对应每一年的生肖进行创作设计。

AIR

ONITSUKA TIGER「50TH ANNIVERSARY」

2016年推出，为纪念Onitsuka Tiger“虎爪纹”诞生50周年而推出三双纪念版鞋款，包括Mexico 66、Mexico Delegation、Mexico 66 Saeculi。

NIKE KOBE XI ELITE「MUSE PACK」

2016年推出，由Eric Avar、Tinker Hatfield以及Mark Parker分别设计出一款配色，每双鞋都以设计师眼中Kobe的个人魅力为主题呈现。

SAUCONY「BOSTON PACK」

Saucony为2016年第120届波士顿马拉松推出的特别版鞋款，由两双专业跑鞋组成，分别是Saucony TRIUMPH ISO 2和Saucony KINVARA 7，该鞋款在中国仅限量发售36双。

BOSTON
EVERUN

ISOFIT
BOSTON
EVERUN

作者简介

阿貌，本名董礼涵。2015年创立运动装备媒体ULSUM，致力于创作精良的视频图像内容并影响更多的年轻人。狂热球鞋收藏者，曾有过运动员经历。现为多家国内外知名运动品牌提供创意解决方案。

律师声明

北京市中友律师事务所李苗苗律师代表中国青年出版社郑重声明：本书由著作权人授权中国青年出版社独家出版发行。未经版权所有人和中国青年出版社书面许可，任何组织机构、个人不得以任何形式擅自复制、改编或传播本书全部或部分内容。凡有侵权行为，必须承担法律责任。中国青年出版社将配合版权执法机关大力打击盗印、盗版等任何形式的侵权行为。敬请广大读者协助举报，对经查实的侵权案件给予举报人重奖。

侵权举报电话

全国"扫黄打非"工作小组办公室
010-65233456 65212870
http://www.shdf.gov.cn

中国青年出版社
010-50856028
E-mail: editor@cypmedia.com

图书在版编目（CIP）数据

微观球鞋：你不知道的故事在脚上发生 / 阿貌著.
—北京：中国青年出版社，2016.12
ISBN 978-7-5153-1518-8
Ⅰ.①微… Ⅱ.①阿… Ⅲ.①运动鞋-普及读物
Ⅳ.①TS943.74-49
中国版本图书馆 CIP 数据核字（2016）第 292137 号

微观球鞋：你不知道的故事在脚上发生

阿貌 / 著

出版发行：中国青年出版社
地　　址：北京市东四十二条21号
邮政编码：100708
电　　话：（010）50856188 / 50856199
传　　真：（010）50856111
企　　划：北京中青雄狮数码传媒科技有限公司

策划编辑：郭 光 莽 昱 陈 皓
责任编辑：刘稚清 张 军
封面制作：吴艳蜂
印　　刷：深圳市精彩印联合印务有限公司
开　　本：889 x 1194 1/16
印　　张：12
版　　次：2017年1月北京第1版
印　　次：2017年1月第1次印刷
书　　号：ISBN 978-7-5153-1518-8
定　　价：128.00元

本书如有印装质量等问题，请与本社联系　电话：（010）50856188 / 50856199
读者来信：reader@cypmedia.com　投稿邮箱：author@cypmedia.com
如有其他问题请访问我们的网站：http://www.cypmedia.com